水利部黄河水利委员会

黄河防洪土方工程预算定额

(试行)

黄河水利出版社

图书在版编目(CIP)数据

黄河防洪土方工程预算定额：试行／水利部黄河水利委员
会编.—郑州：黄河水利出版社，2009.4
　ISBN 978 – 7 – 80734 – 588 – 6

　Ⅰ.黄…　　Ⅱ.水…　　Ⅲ.黄河 – 防洪工程：土方工程 – 建筑
预算定额　　Ⅳ.TV882.1

中国版本图书馆 CIP 数据核字(2009)第 044189 号

出　版　社：黄河水利出版社
　　　　　地址：河南省郑州市顺河路黄委会综合楼14层　　邮政编码:450003
发行单位：黄河水利出版社
　　　　　发行部电话：0371-66026940、66020550、66022620(传真)
　　　　　E-mail:hhslcbs@126.com
承印单位：黄河水利委员会印刷厂
开本：850 mm×1 168 mm　　1／32
印张：1
字数：25 千字　　　　　　　印数：1—1 000
版次：2009 年 4 月第 1 版　　印次：2009 年 4 月第 1 次印刷

定价：25.00 元

水利部黄河水利委员会文件

黄建管[2009]7号

关于发布《黄河防洪土方工程
预算定额》(试行)的通知

委属有关单位、机关有关部门:

为了适应黄河水利工程造价管理工作的需要,合理确定和有效控制黄河防洪工程基本建设投资,提高投资效益,根据国家和水利部的有关规定,结合黄河防洪工程建设实际,黄河水利委员会水利工程建设造价经济定额站组织编制了《黄河防洪土方工程预算定额》(试行),现予以颁布。本定额自 2009 年 7 月 1 日起执行,原相应定额同时废止。

本定额与水利部颁布的《水利建筑工程预算定额》

(2002)配套使用(采用本定额编制概算时，相应子目乘以 1.03 系数)，在试行过程中如有问题请及时函告黄河水利委员会水利工程建设造价经济定额站。

水利部黄河水利委员会

二〇〇九年三月三十一日

主题词：工程　预算　定额　黄河　通知

抄　　送：水利部规划计划司、建设与管理司、水利水电规划设计总院、水利建设经济定额站。

黄河水利委员会办公室　　　　2009 年 3 月 31 日印制

主 持 单 位　黄河水利委员会水利工程建设造价
　　　　　　经济定额站

主 编 单 位　黄河勘测规划设计有限公司

审　　　查　刘栓明

主　　　编　杨明云　　王亚春　　刘家俊　　杨　娜

副 主 编　董崇民　　李永芳　　袁国芹　　孔祥成
　　　　　　尤尊贤

编 写 组 成 员　杨明云　　王亚春　　刘家俊　　董崇民
　　　　　　杨　娜　　李永芳　　袁国芹　　孔祥成
　　　　　　尤尊贤　　王艳洲　　李　涛　　韩红星
　　　　　　马志远　　高　潮　　李建军　　张　波
　　　　　　李正华　　李晓萍　　靳玉平　　汪雪英
　　　　　　刘　云　　宋玉红　　王彦玲　　闫　鹏
　　　　　　王　晖

目　录

说　明

一、《黄河防洪土方工程预算定额》(以下简称本定额)是根据黄河防洪工程建设实际,对水利部颁发的《水利建筑工程预算定额》(2002)的补充。分为 0.5 m³ 挖掘机挖土方, 0.5 m³ 挖掘机挖装土自卸汽车运输,清坡,淤区围、格堤土方压实,淤区包边土方压实,淤区平整,土牛土方修筑,房台土方压实,堤顶边埝修筑,土工包土方,土袋土方,铅丝土袋笼,水力充沙长管袋共 13 节及附录。

二、本定额适用于黄河防洪工程,是编制工程预算的依据和编制工程概算的基础。可作为编制工程招标标底和投标报价的参考。

三、本定额不包括冬季、雨季和特殊地区气候影响施工的因素及增加的设施费用。

四、本定额按一日三班作业施工、每班八小时工作制拟定。若部分工程项目采用一日一班或一日两班制的,定额不作调整。

五、本定额的"工作内容"仅扼要说明主要施工过程及工序,次要的施工过程及工序和必要的辅助工作所需的人工、材料、机械也包括在定额内。

六、定额中人工、机械用量是指完成一个定额子目内容所需的全部人工和机械。包括基本工作、准备与结束、辅助生产、不可避免的中断、必要的休息、工程检查、交接班、班内工作干扰、夜间施工工效影响、常用工具和机械的维修、保养、加油、加水等全部工作。

七、定额中人工是指完成该定额子目工作内容所需的人工耗用量。包括基本用工和辅助用工,并按其所需技术等级分别列示出工长、高级工、中级工、初级工的工时及其合计数。

八、材料消耗定额(含其他材料费、零星材料费)是指完成一个定额子目内容所需要的全部材料耗用量。

九、其他材料费和零星材料费是指完成一个定额子目的工作内容所必需的未列量材料费。

十、材料场内运输所需要的人工、机械及费用，已包括在各定额子目中。

十一、机械台时定额(含其他机械费)是指完成一个定额子目工作内容所需的主要机械及次要辅助机械使用费。

十二、其他机械费是指完成一个定额子目工作内容所必需的次要机械使用费。

十三、本定额中其他材料费、零星材料费、其他机械费均以费率形式表示，其计算基数如下：

1.其他材料费，以主要材料费之和为计算基数。

2.零星材料费，以人工费、机械费之和为计算基数。

3.其他机械费，以主要机械费之和为计算基数。

十四、定额用数字表示的适用范围

1.只用一个数字表示的，仅适用于数字本身。当需要选用的定额介于两子目之间时，可用插入法计算。

2.数字用上下限表示的，如 20～30，适用于大于 20、小于或等于 30 的数字范围。

十五、本定额的计量单位

土方开挖，土方运输，土牛土方修筑，堤顶边埝修筑，均按自然方计。

清坡，淤区平整均按面积计。

淤区围、格堤土方压实，淤区包边土方压实，房台土方压实，均按实方计。

土工包土方，土袋土方，铅丝土袋笼，水力充沙长管袋，均按成品方计。

十六、土方定额的名称

自然方：指未经扰动的自然状态的土方。

实方：指填筑(回填)并经过压实后的成品方。

十七、定额中土类级别划分见附录 2 和附录 3。

1 0.5 m³挖掘机挖土方

工作内容：挖松、堆放。

单位：100 m³

项 目	单位	土类级别		
		I ～ II	III	IV
工 长	工时			
高 级 工	工时			
中 级 工	工时			
初 级 工	工时	4.8	4.8	4.8
合 计	工时	4.8	4.8	4.8
零星材料费	%	5	5	5
挖 掘 机 0.5 m³	台时	1.18	1.30	1.39
编 号		10478	10479	10480

2 0.5 m³挖掘机挖装土自卸汽车运输

工作内容：挖装、运输、卸除、空回。

Ⅰ～Ⅱ类土

单位：100 m³

项　　　目	单位	运　距(km)						增运1 km
		≤0.5	1	2	3	4	5	
工　　　长	工时							
高　级　工	工时							
中　级　工	工时							
初　级　工	工时	9.5	9.5	9.5	9.5	9.5	9.5	
合　　　计	工时	9.5	9.5	9.5	9.5	9.5	9.5	
零星材料费	%	4	4	4	4	4	4	
挖　掘　机　0.5 m³	台时	1.36	1.36	1.36	1.36	1.36	1.36	
推　土　机　59 kW	台时	0.67	0.67	0.67	0.67	0.67	0.67	
自卸汽车　3.5 t	台时	10.79	13.95	18.30	22.43	26.41	30.29	3.40
5.0 t	台时	7.97	9.92	12.69	15.30	17.78	20.18	2.12
编　　　号		10481	10482	10483	10484	10485	10486	10487

注：如挖装松土时，其中人工及挖装机械乘以0.85系数。

Ⅲ类土

单位：100 m³

项　　目	单位	运　距(km)						增运 1 km
		≤0.5	1	2	3	4	5	
工　　长	工时							
高　级　工	工时							
中　级　工	工时							
初　级　工	工时	10.4	10.4	10.4	10.4	10.4	10.4	
合　　计	工时	10.4	10.4	10.4	10.4	10.4	10.4	
零星材料费	%	4	4	4	4	4	4	
挖掘机　0.5 m³	台时	1.49	1.49	1.49	1.49	1.49	1.49	
推土机　59 kW	台时	0.74	0.74	0.74	0.74	0.74	0.74	
自卸汽车　3.5 t	台时	11.86	15.33	20.11	24.65	29.03	33.29	3.74
5.0 t	台时	8.76	10.90	13.95	16.81	19.54	22.18	2.33
编　　号		10488	10489	10490	10491	10492	10493	10494

注：如挖装松土时，其中人工及挖装机械乘以 0.85 系数。

Ⅳ类土

项　　目	单位	运　距(km)						增运1 km
		≤0.5	1	2	3	4	5	
工　　长	工时							
高　级　工	工时							
中　级　工	工时							
初　级　工	工时	11.3	11.3	11.3	11.3	11.3	11.3	
合　　计	工时	11.3	11.3	11.3	11.3	11.3	11.3	
零星材料费	%	4	4	4	4	4	4	
挖掘机　0.5 m³	台时	1.62	1.62	1.62	1.62	1.62	1.62	
推土机　59 kW	台时	0.81	0.81	0.81	0.81	0.81	0.81	
自卸汽车　3.5 t	台时	12.93	16.71	21.92	26.87	31.64	36.29	4.08
5.0 t	台时	9.55	11.88	15.21	18.32	21.30	24.17	2.54
编　　号		10495	10496	10497	10498	10499	10500	10501

注：如挖装松土时，其中人工及挖装机械乘以 0.85 系数。

3 清 坡

适用范围：坡度 1∶2.5～1∶3。
工作内容：推松、运送、空回。

74 kW 推土机

单位：100 m²

项 目		单位	推 运 距 离(m)				
			≤20	20～30	30～40	40～50	50～60
工 长		工时					
高 级 工		工时					
中 级 工		工时					
初 级 工		工时	0.16	0.21	0.26	0.31	0.36
合 计		工时	0.16	0.21	0.26	0.31	0.36
零星材料费		%	10	10	10	10	10
土类级别	Ⅰ～Ⅱ	推土机 台时	0.11	0.15	0.19	0.22	0.26
	Ⅲ	台时	0.12	0.16	0.20	0.25	0.29
	Ⅳ	台时	0.14	0.18	0.22	0.27	0.32
编 号			10502	10503	10504	10505	10506

注：本节定额按推至坡角拟定，不含外运。

88 kW 推土机

项　　目		单位	推 运 距 离(m)				
			≤20	20~30	30~40	40~50	50~60
工　　　长		工时					
高　级　工		工时					
中　级　工		工时					
初　级　工		工时	0.14	0.18	0.23	0.28	0.33
合　　　计		工时	0.14	0.18	0.23	0.28	0.33
零星材料费		%	10	10	10	10	10
土类级别	Ⅰ~Ⅱ	推土机 台时	0.10	0.13	0.17	0.20	0.24
	Ⅲ	台时	0.11	0.15	0.18	0.22	0.26
	Ⅳ	台时	0.12	0.16	0.20	0.24	0.28
编　　　号			10507	10508	10509	10510	10511

注：本节定额按推至坡角拟定，不含外运。

4 淤区围、格堤土方压实

适用范围：放淤工程。
工作内容：压实、其他等。

单位：100 m³ 实方

项 目	单位	干密度(kN/m³)
		≤14.70
工 长	工时	
高 级 工	工时	
中 级 工	工时	
初 级 工	工时	6.8
合 计	工时	6.8
零星材料费	%	3
拖 拉 机 74 kW	台时	1.11
推 土 机 74 kW	台时	0.50
其他机械费	%	1
编 号		10512

5 淤区包边土方压实

适用范围：放淤工程，Ⅲ类土。

工作内容：平土、压实、削坡等。

单位：100 m³ 实方

项 目	单位	干密度(kN/m³) ≤15.68
工　　长	工时	1.3
高　级　工	工时	
中　级　工	工时	
初　级　工	工时	40.4
合　　计	工时	41.7
零星材料费	%	9
小型振动碾　1.8 t	台时	4.76
编　　号		10513

6 淤区平整

适用范围：放淤工程。
工作内容：淤区顶面整平、辅助工作。

单位：100 m²

项 目	单位	推土机		
		74 kW	88 kW	103 kW
工 长	工时			
高 级 工	工时			
中 级 工	工时			
初 级 工	工时	0.70	0.64	0.56
合 计	工时	0.70	0.64	0.56
零星材料费	%	10	10	10
推 土 机 74 kW	台时	0.52		
88 kW	台时		0.47	
103 kW	台时			0.40
编 号		10514	10515	10516

7 土牛土方修筑

适用范围：堤防工程。

工作内容：平土、挂线修整、拍实、修边。

单位：100 m³

项 目	单位	数量
工 长	工时	1.2
高 级 工	工时	
中 级 工	工时	
初 级 工	工时	37.2
合 计	工时	38.4
零星材料费	%	1
编 号		10517

8 房台土方压实

适用范围：工程管理用房。

工作内容：推平、洒水、压实、补边夯、削坡、辅助工作。

单位：100 m³ 实方

项　　目	单位	干密度(kN/m³)
		≤15.68
工　　长	工时	
高　级　工	工时	
中　级　工	工时	
初　级　工	工时	25.1
合　　计	工时	25.1
零星材料费	%	10
推 土 机　74 kW	台时	0.50
拖 拉 机　74 kW	台时	1.62
小型振动碾　1.8 t	台时	0.47
编　　号		10518

9 堤顶边埂修筑

适用范围：堤顶边埂、淤区顶部格堤。

工作内容：平土、挂线修整、拍实、修边。

单位：100 m³

项　　　目	单位	数量
工　　　长	工时	3.0
高　级　工	工时	
中　级　工	工时	
初　级　工	工时	146.7
合　　　计	工时	149.7
零星材料费	%	1
编　　　号		10519

10　土工包土方

适用范围：河道整治工程。
工作内容：制包、装载机装土、封口、推土机抛填。

单位：100 m³ 成品方

项　　目	单位	长×宽×高：3.5 m×2.5 m×1.2 m
工　　长	工时	1.6
高　级　工	工时	
中　级　工	工时	
初　级　工	工时	76.6
合　　计	工时	78.2
土　　料	m³	118
土　工　布	m²	533
其他材料费	%	10
装　载　机　3 m³	台时	0.87
推　土　机　88 kW	台时	0.58
其他机械费	%	1
编　　号		10520

11 土袋土方

工作内容：人工装土、封包、装车、抛填。

项　　目	单位	数量
工　　长	工时	16.8
高　级　工	工时	
中　级　工	工时	
初　级　工	工时	822.3
合　　计	工时	839.1
土　　料	m³	118
编　织　袋	个	3300
其他材料费	%	1
机动翻斗车　1 t	台时	18.28
编　　　号		10521

注：机动翻斗车运距 100 m 以内。

12 铅丝土袋笼

工作内容：编织袋装土、封包、编铅丝网、铺网、土袋装笼、封口。

单位：100 m³ 成品方

项 目	单位	网格尺寸：20 cm×20 cm	
		1 m³ 铅丝笼	2 m³ 铅丝笼
工 长	工时	30.8	30.2
高 级 工	工时		
中 级 工	工时	205.2	201.6
初 级 工	工时	790.0	776.2
合 计	工时	1026.0	1008.0
土 料	m³	118	118
编 织 袋	个	3300	3300
铅 丝 8#	kg	610	507
10#	kg	467	389
其他材料费	%	1	1
编 号		10522	10523

13-1 水力充沙长管袋

适用范围：水中进占；水深≤1.2 m；流速≤1.0 m/s。
工作内容：固定船只、长管袋铺设、水力冲挖机组开工展布、水力冲挖、长管袋充填、封袋、作业面转移、收工集合等。

I 类土

单位：100 m³ 成品方

项目		单位	排泥管线长度(m)					
			50~100	100~200	200~300	300~400	400~500	500~600
工 长		工时	3.70	3.70	3.71	3.71	3.72	3.72
高 级 工		工时						
中 级 工		工时	18.50	18.52	18.56	18.57	18.58	18.58
初 级 工		工时	162.78	162.99	163.35	163.41	163.48	163.54
合 计		工时	184.98	185.21	185.62	185.69	185.78	185.84
土 工 布		m²	770	770	770	770	770	770
其他材料费		%	5	5	5	5	5	5
高 压 水 泵	15 kW	台时	6.05	7.48	9.41	11.68	13.86	14.78
水 枪	φ65 mm 2 支	组时	6.05	7.48	9.41	11.68	13.86	14.78
泥 浆 泵	15 kW	台时	6.05	7.48	9.41	11.68	13.86	14.78
排 泥 管	φ100 mm	百米时	6.05	12.10	18.14	24.19	30.24	36.29
机 动 船	25 kW	台时	18.14	22.43	28.22	35.03	41.58	44.35
其他机械费		%	2	2	2	2	2	2
编 号			10524	10525	10526	10527	10528	10529

注：土类按附录 3 "水力冲挖机组土类划分表" 分类。

Ⅱ类土

项　　目	单位	排泥管线长度(m)					
		50 ~ 100	100 ~ 200	200 ~ 300	300 ~ 400	400 ~ 500	500 ~ 600
工　　长	工时	4.77	4.78	4.79	4.79	4.79	4.79
高 级 工	工时						
中 级 工	工时	23.86	23.89	23.95	23.95	23.96	23.97
初 级 工	工时	209.99	210.26	210.72	210.80	210.89	210.97
合　　计	工时	238.62	238.93	239.46	239.54	239.64	239.73
土 工 布	m²	770	770	770	770	770	770
其他材料费	%	5	5	5	5	5	5
高压水泵　15 kW	台时	7.80	9.64	12.14	15.06	17.88	19.07
水　枪　ϕ65 mm 2 支	组时	7.80	9.64	12.14	15.06	17.88	19.07
泥 浆 泵　15 kW	台时	7.80	9.64	12.14	15.06	17.88	19.07
排 泥 管　ϕ100 mm	百米时	7.80	15.60	23.41	31.21	39.01	46.81
机 动 船　25 kW	台时	23.41	28.93	36.41	45.19	53.64	57.21
其他机械费	%	2	2	2	2	2	2
编　　　号		10530	10531	10532	10533	10534	10535

注：土类按附录 3 "水力冲挖机组土类划分表"分类。

13-2 水力充沙长管袋

适用范围：水中进占；水深 1.2～2.0 m；流速 ≤1.0 m/s。

工作内容：固定船只、长管袋铺设、水力冲挖机组开工展布、水力
冲挖、长管袋充填、封袋、作业面转移、收工集合等。

Ⅰ类土

单位：100 m³成品方

项　　目	单位	排泥管线长度(m)					
		50～100	100～200	200～300	300～400	400～500	500～600
工　　长	工时	4.11	4.12	4.12	4.13	4.13	4.13
高　级　工	工时						
中　级　工	工时	20.55	20.58	20.62	20.63	20.64	20.65
初　级　工	工时	180.87	181.10	181.50	181.57	181.64	181.72
合　　计	工时	205.53	205.80	206.24	206.33	206.41	206.50
土　工　布	m²	770	770	770	770	770	770
其他材料费	%	5	5	5	5	5	5
高压水泵　　15 kW	台时	6.05	7.48	9.41	11.68	13.86	14.78
水　枪　φ65 mm 2支	组时	6.05	7.48	9.41	11.68	13.86	14.78
泥　浆　泵　15 kW	台时	6.05	7.48	9.41	11.68	13.86	14.78
排　泥　管　φ100 mm	百米时	6.05	12.10	18.14	24.19	30.24	36.29
机　动　船　25 kW	台时	30.24	37.38	47.04	58.38	69.30	73.92
其他机械费	%	2	2	2	2	2	2
编　　　号		10536	10537	10538	10539	10540	10541

注：土类按附录 3 "水力冲挖机组土类划分表"分类。

<h1 style="text-align:center">Ⅱ类土</h1>

单位：100 m³ 成品方

项　　　　目	单位	排泥管线长度(m)					
		50 ~ 100	100 ~ 200	200 ~ 300	300 ~ 400	400 ~ 500	500 ~ 600
工　　　长	工时	5.30	5.31	5.32	5.32	5.33	5.33
高　级　工	工时						
中　级　工	工时	26.51	26.55	26.61	26.62	26.63	26.64
初　级　工	工时	233.32	233.62	234.13	234.23	234.32	234.41
合　　　计	工时	265.13	265.48	266.06	266.17	266.28	266.38
土　工　布	m²	770	770	770	770	770	770
其他材料费	%	5	5	5	5	5	5
高压水泵　15 kW	台时	7.80	9.64	12.14	15.06	17.88	19.07
水　枪　φ65 mm 2 支	组时	7.80	9.64	12.14	15.06	17.88	19.07
泥　浆　泵　15 kW	台时	7.80	9.64	12.14	15.06	17.88	19.07
排　泥　管　φ100 mm	百米时	7.80	15.60	23.41	31.21	39.01	46.81
机　动　船　25 kW	台时	39.01	48.22	60.68	75.31	89.40	95.36
其他机械费	%	2	2	2	2	2	2
编　　　号		10542	10543	10544	10545	10546	10547

注：土类按附录 3 "水力冲挖机组土类划分表" 分类。

·21·

附录1　施工机械台时费定额

项　目		单位	液压挖掘机 0.5 m³	小型振动碾 1.8 t	机动船 25 kW
（一）	折　旧　费	元	29.05	8.25	3.50
	修理及替换设备费	元	17.04	2.92	3.35
	安装拆卸费	元	1.35		
	小　　计	元	47.44	11.17	6.85
（二）	人　工	工时	2.7	2	2.7
	汽　油	kg			
	柴　油	kg	9.30	2.11	3.25
	电	kWh			
	风	m³			
	水	m³			
编　号			1139	1140	7403

附录 2 土类分级表

土质级别	土质名称	自然湿容重 (kg/m³)	外形特征	开挖方法
I	1.砂土 2.种植土	1650～1750	疏松，黏着力差或易透水，略有黏性	用锹或略加脚踩开挖
II	1.壤土 2.淤泥 3.含壤种植土	1750～1850	开挖时能成块，并易打碎	用锹需用脚踩开挖
III	1.黏土 2.干燥黄土 3.干淤泥 4.含少量砾石黏土	1800～1950	粘手，看不见砂粒或干硬	用镐、三齿耙工具开挖或用锹需用力加脚踩开挖
IV	1.坚硬黏土 2.砾质黏土 3.含卵石黏土	1900～2100	土壤结构坚硬，将土分裂后成块状或含黏粒砾石较多	用镐、三齿耙工具开挖

附录3 水力冲挖机组土类划分表

土类	土类名称	自然容重 (kg/m³)	外形特征	开挖方法
I	1.稀淤	1500～1800	含水饱和，搅动即成糊状	不用锹，用桶装运
	2.流砂		含水饱和，能缓缓流动，挖而复涨	
II	1.砂土	1650～1750	颗粒较粗，无凝聚性和可塑性，空隙大，易透水	用铁锹开挖
	2.砂壤土		土质松软，由砂及壤土组成，易成浆	
III	1.烂淤	1700～1850	行走陷足，粘锹粘筐	用铁锹或长苗大锹开挖
	2.壤土		手触感觉有砂的成分，可塑性好	
	3.含根种植土		有植物根系，能成块，易打碎	